楽しい調べ学習シリーズ

グリーンインフラって何だろう？

自然と共生する社会づくりをさぐろう

[監修] 福岡孝則

PHP

はじめに

　私たちを取り巻く世界の環境は大きな変化の時代を迎えています。気候変動の激甚化による水災害の発生数は年々増加傾向にあり、洪水や土砂災害のニュース映像も日常になりました。日本の国土の約7割は山地で、私たちの先祖は残された平地や盆地に都市をつくり、暮らしてきました。水災害が発生しやすいのは、こうした日本の国土の特徴や歴史が関係しています。都市をつくり、私たちの日常生活を支えてきたインフラ（道路・橋・下水道など）は、建設後50年以上を経過して老朽化が進んでいます。また、利用されていない土地の割合（空き地率）が、2008年から2018年までの11年間で2倍に増加しました。森林の荒廃によって、獣害や土砂災害なども増加傾向にあります。人口減少、高齢化、老朽化した都市やインフラ、そして自然災害……。日本の国土の将来はどうなるのでしょうか？

　このような課題に立ち向かうために重要なのが、「自然のもつ力を生かして都市・社会をつくる」考え方、グリーンインフラです。本書では、自然がもつさまざまな機能を生かすグリーンインフラの考え方や、取り組むときに必要な、鳥の目でまち全体を俯瞰するような「大きな視点」と、自分の家の庭や身近な小さな自然を考える「小さな視点」について学びます。たとえば、本書の中では、国土全体を「都市部」「郊外部」「農山漁村部」の3つのエリアに分けて、グリーンインフラに取り組む方法を、具体的な空間の風景をイメージしながら考えます。みなさんにとっても、身近な自然の風景は、田んぼや山・川から、まちの中の小さな庭や公園までさまざまでしょう。その風景から、私たちの生活を支えているインフラのあり方を再考し、社会課題の解決も意識しながら、どのように自然の力を生かした都市をつくるのかを考えるのです。

実は、日本では古くから自然を生かし、自然と共生する文化が根づいています。紅葉をたくさん植栽して、砂防施設としての機能をもたせながら、美しい風景をつくり出したり、海岸ぞいに100万本をこえるクロマツを植栽して、高潮等の減災に役立てたりするなど、私たち日本人は、その土地や自然の理に適うかたちで土地を利用し、自然とつき合ってきたのです。

　本書のサブタイトルは、「自然と共生する社会づくりをさぐろう」です。この本で学んだグリーンインフラという考え方を「コンパス（羅針盤）」に、みなさんの身の回りの小さな自然から、地球まで、いっしょに考えて、行動してみませんか？

　答え合わせは未来の都市や地球で。Let's get started.（さあ、始めよう）

福岡 孝則

もくじ

グリーンインフラって何だろう？

はじめに 2
この本の使い方 6

第1章　グリーンインフラについて知ろう

日本の国土の特徴 8
日本のさまざまな社会課題 10
自然がもつ多様な機能❶ 生態系サービス 12
自然がもつ多様な機能❷ Eco-DRR 14
グリーンインフラとは 16
日本の都市とグリーンインフラ 18
グリーンインフラが求められる世界的な潮流 20
新たな社会的ニーズとグリーンインフラ 22

コラム❶ 里山
人と自然がつながる場所 24

第2章　グリーンインフラへの取り組み方

古くからあった日本のグリーンインフラ ……………………………………… 26

国土全体でグリーンインフラに取り組むには ……………………………… 28

まちなかにグリーンインフラを組みこむには ……………………………… 30

海外におけるグリーンインフラ ………………………………………………… 34

コラム② 視点を変えてまちをつくる

ヒューマンスケールのまちづくりのためのプレイスメイキング ………… 36

第3章　グリーンインフラの実践事例

「自然と共生する社会」を目指して ………………………………………… 38

グリーンインフラの実装に向けた7つの視点 …………………………… 40

グリーンインフラ大賞の受賞事例

　新柏クリニック　施設利用者と地域のQOL・帰属意識を向上させる「森林浴のできるメディカ

　　ルケアタウン」づくり ……………………………………………………………… 42

　八ツ堀のしみず谷津　産官学民の連携・共創による湿地の再生と活用 ………… 43

　気仙沼市舞根地区の震災復興と流域圏創成 ……………………………… 44

　まちの小さな庭の大きな治水機能 ………………………………………… 45

　GREEN SPRINGS ………………………………………………………………… 46

　日新アカデミー研修センター　雨庭による希少種保全とインフラ負担軽減 ………… 47

　みんなでつくる「自然と共生する公園」あさはた緑地 ……………………… 48

　「にぎわいの森」放棄林を活用した観光交流拠点 ………………………… 49

グリーンインフラとオープンスペース ……………………………………… 50

家でも実践 雨庭づくり ………………………………………………………… 52

さくいん ………………………………………………………………………………… 54

この本の使い方

この本は、第1章、第2章、第3章の3つの章に分かれています。

第1章	自然のもつ機能やグリーンインフラが必要とされる背景について説明しています。
第2章	グリーンインフラに取り組む具体的な方法について説明しています。
第3章	グリーンインフラの実践事例や雨庭のつくり方などを説明しています。

テーマごとに解説
その見開き（2ページ）のテーマを表しています。

図やグラフでわかりやすく
図やグラフ、イラストなどをたくさん使ってわかりやすく解説しています。

グリーンインフラ大賞の受賞事例（42〜49ページ）

1ページに1事例
第4回（令和5年度）グリーンインフラ大賞を受賞した実施済みの事例を1ページごとに紹介しています。

日本の国土の特徴

日本は弓なりの形をした島国です。国土の約4分の3が山地で、平地が少ないという特徴があります。また、南北に長いため、北海道と沖縄では気候が大きく変わります。日本の多くの地域は温帯ですが、南は亜熱帯、北は亜寒帯に属していて、地域によって気候や土地のようすが大きくことなります。そのため、地域によって生息する動物や植物がちがい、多様性に富んでいます。

国土の地形の特色

日本の山と森林

日本の国土の地形を、山地、丘陵地、台地、低地、内水域などに分けて面積を見ると、山地と丘陵地を合わせた面積は、国土全体の約7割になります。

また、日本は、とても森林の多い国でもあります。国土に占める森林の割合を森林率といい、FAO（国際連合食糧農業機関）によると、世界の森林率の平均は約28％なのに対し、日本の森林率は約68％です。

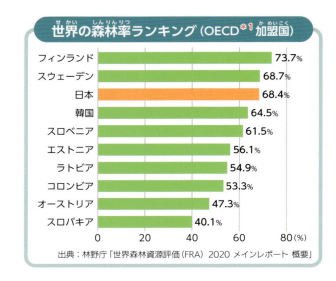

日本の川

日本の川は、ヨーロッパやアメリカの川に比べると短く、流れが速いという特徴があります。雨が降ると急激に川の水かさが増し、海まで一気に流れ出ます。関東地方の利根川では、洪水時の水の量は、平常時の100倍にもなります。

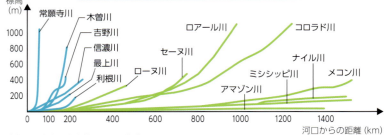

*1 OECD：経済協力開発機構。現在、38カ国が加盟する国際機関。

人の住める土地はどれくらい？

人の住める土地のことを可住地といいます。国土面積が大きくても、可住地の面積が大きいとはかぎりません。日本の可住地の割合は、国土の約27％といわれています。日本では、海ぞいの平地や山に囲まれた盆地や低地など、限られた可住地にまちが築かれてきたのです。

イギリスやドイツの国土面積は日本より小さいですが、可住地は日本の2倍ほどあります。一方、人口は、日本が約1億2400万人（2024年）、イギリスが約6800万人、ドイツが約8400万人と日本のほうが多く、日本では少ない可住地に多くの人が住んでいることがわかります。

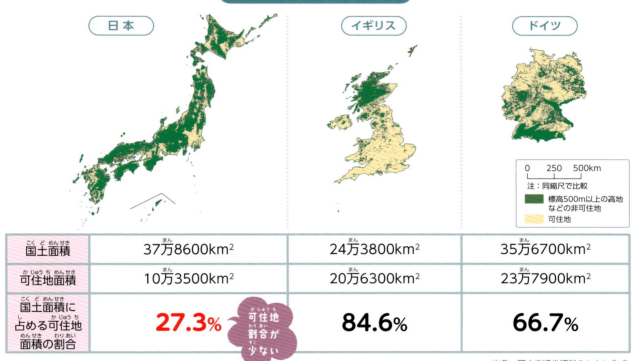

外国と日本の可住地の比較

	日本	イギリス	ドイツ
国土面積	37万8600km²	24万3800km²	35万6700km²
可住地面積	10万3500km²	20万6300km²	23万7900km²
国土面積に占める可住地面積の割合	**27.3%**	**84.6%**	**66.7%**

出典：国土交通省資料をもとに作成

インフラ整備はなぜ重要？

現在の日本では、河川が氾濫すると浸水する地域や、土砂くずれなどが起こる土地にも居住地が広がっています。このような土地の安全を確保するため、おもにコンクリートなどの人工構造物による**インフラ**＊2の整備が行われてきたのです。
また、日本のように自然災害の多い国では、ライフライン＊3を確保するため、破損しにくい、あるいは破損しても復旧しやすい強じんなインフラや、被災時に速やかな情報の提供・収集を行えるような通信環境を構築しておくことが重要です。災害時の被害を最小限におさえるため、防災・減災を意識してインフラを整備しているのです。

＊2　インフラ：インフラストラクチャー（生活や産業活動の基盤）の略。
＊3　ライフライン：生活に欠かせない電気・ガス・水道などのインフラのこと。

第1章　グリーンインフラについて知ろう

日本のさまざまな社会課題

技術の発展などにより、私たちの生活は便利で効率的なものになっていますが、その反面、気候変動や人口構造の変化などにより、日本ではさまざまな課題が生まれています。

自然災害の激甚化、頻発化

近年、短時間の大雨の発生頻度が高まり、大規模な水害や土砂災害の発生件数が増加しています。気候変動が進むと、今後さらにこうした災害が増えると予想されています。

2023年の日本全体の水害被害額は約6800億円に上り、過去10年で見ると、3番目の被害額でした。

▲2023年7月 道路の被災状況調査（秋田県八峰町）
出典：国土交通省 TEC-FORCE フォトギャラリー

インフラの老朽化

2018年7月、広島県坂町で大規模な土石流が発生しました。6月末から続く豪雨の影響で砂防ダムが決壊し、大量の土砂が町に流入したのです。決壊した砂防ダムは、1950年につくられたものでした。

日本のインフラの多くは、高度経済成長期（1955年ごろから1973年ごろまでの約20年間）に建設されました。建設後50年以上経過する施設の割合が増加しており、インフラの老朽化が進んでいます。

建設後50年以上経過する社会資本の割合

	2023年3月	2030年3月	2040年3月
道路橋	約37%	約54%	約75%
トンネル	約25%	約35%	約52%
河川管理施設	約22%	約42%	約65%
下水道管きょ	約7%	約16%	約34%
港湾施設	約27%	約44%	約68%

出典：国土交通省「インフラメンテナンス情報」https://www.mlit.go.jp/sogoseisaku/maintenance/index.html

人口減少による管理者のいない土地の増加

日本の人口は、2008年をピークに、2011年以降減少し続け、65歳以上の高齢者の割合が増えています。人口減少と高齢化が進んだことにより、森林や農地など、国土を管理する人が減っています。

国土交通省によると、2008年から2018年の11年間で、世帯が保有する空き地（利用目的がなく放置された状態の土地）の割合は約2倍に増えました。放置されたまま手入れのされていない空き地は、景観を悪化させ、獣害や土砂災害などをまねく可能性があります。

人口減少や高齢化に対応した、適切な土地の管理が必要とされています。

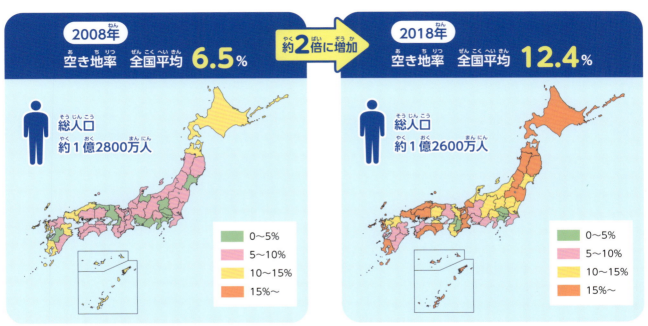

出典：国土交通政策研究所紀要第80号2022年、総務省統計局「人口推計」

管理者のいない土地が増えると起こる問題の例

景観の悪化

獣害などの発生

森林の荒廃

気候変動や人口減少に対応できる、インフラの管理や土地利用を考えなければいけないね。

自然がもつ多様な機能❶ 生態系サービス

地球上の生き物は、互いにかかわり合いながら生きています。植物が光合成によって養分をつくり、動物はそれを利用します。動物が死ぬとその死がいを微生物が分解し、それを植物が養分として取り入れます。このような、生き物とそれらが生きる自然環境を生態系といいます。

生態系サービス

長い時間をかけてつくられた生態系は、複雑につながり合っています。また、安定し、さまざまな物質や機能などを生み出しています。私たち人間も生態系の一部であり、多様な生き物によってつくられる生態系から、多くの恵みを得て暮らしています。たとえば、食料や水、気候の安定なども、生態系が私たちにもたらす恩恵です。

食卓を例にした生態系がもたらすさまざまな恵み

- うるしぬりの食器（うるしの樹液をぬった食器）
- 飲み水
- 木でつくられたはし
- 植物の綿からつくられた服
- 米や野菜、肉などの食べ物
- 木でつくられたテーブルの天板

いろいろな恵みを生態系からもらっているんだね。

こうした生態系が生み出す恵みは、**生態系サービス**とよばれ、大きく4つに分類されます。

❶ 供給サービス

日々の暮らしに必要な食料や木材、水などを供給します。直接的に得られるもの以外にも、医薬品などの原料として植物成分が利用されています。

たとえば、植物の柳の樹皮には痛みをやわらげたり、熱を下げたりする作用のある成分（サリチル酸）がふくまれていて、昔から歯の痛み止めなどに利用されていました。現代でもよく使われている鎮痛・解熱剤のアスピリンという薬の成分も、サリチル酸にもとづいてつくられています。

❸ 文化的サービス

自然にふれることで精神的な充足、喜び、楽しみなどが得られます。

登山や海水浴、紅葉がりなど、生態系から得られる景観や体験が、心を安らげ、芸術的な感性や文化を育み、私たちの生活を豊かなものにします。

▲ハイキングを楽しむ人々（長野県上松町）。
写真提供：一般社団法人 上松町観光協会

4つの生態系サービス

❷ 調整サービス

気候の調整や大雨被害の軽減、水質の浄化など、健康で安全に生活するための環境を調整・安定させます。

人工的に空気や水を浄化しようとすると、多大な費用がかかります。森林が適切に保全されていれば、植物が二酸化炭素を吸収して空気を浄化したり、腐葉土や土壌生物が雨水*を地中に浸透させて水をろ過したりしてくれます。

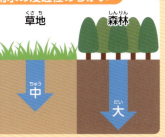

植生による雨水の浸透性のちがい

❹ 基盤サービス

生態系は光合成による酸素の生成、土壌の形成、水や養分の循環など、人間をふくめたすべての生命の基盤になり、生物多様性を維持します。❶❷❸のサービスの基盤にもなります。

第1章 グリーンインフラについて知ろう

＊雨水：「うすい」とも読む。建築・土木関連の用語では「うすい」と読むことが多い。

13

自然がもつ多様な機能❷
Eco-DRR

地震や火山活動、台風、洪水などの多い日本では、これまでも多くの災害対策を行い、ダムや堤防、護岸などを整備してきました。近年、頻度が高まっている災害に対応するために注目されているのが、Eco-DRR[*1]（生態系を活用した防災・減災）という考え方です。

🌱 生態系を活用した災害対策

生態系には、危険な自然現象を軽減する機能があります。たとえば、森林には、水を地面にゆっくりとしみこませ、土壌が流出しにくい環境をつくる機能があります。また、水害防備林として整備すれば、河川氾濫による市街地への土砂流入を防ぎます。Eco-DRRは、生態系のもつこうした力を防災・減災に活用することです。

Eco-DRRの生態系の保全・再生と防災・減災の関係性は、
- 危険な自然現象の発生を未然に防ぐ（ハザードの軽減）
- 危険な自然現象に人命がさらされる状態をさける（暴露の回避）
- 自然現象からの影響の受けやすさを減らす（脆弱性の低減）

の3つによって表すことができます。

生態系の保全と防災・減災の関係性（土砂くずれの例）

災害リスクが大きい！
- 危険な自然現象（ハザード）
- 被害にあいやすい場所に人命・財産がある（暴露）
- 危険な自然現象と人命・財産の間に何もない（脆弱性）

生態系が災害リスクを減らす
- 生態系の保全・再生
- 雨水が地中にしみこみやすくなり、危険な自然現象を軽減
- 生態系により人命・財産が守られる

[*1] Eco-DRR：Ecosystem-based Disaster Risk Reduction の略。

ハザードの軽減

危険な自然現象（ハザード）の発生をおさえるために、生態系の機能を活用することができます。雨水貯留・浸透などの機能をもつ森林や緑地、ため池、農地などは、洪水や土砂災害などを軽減させます。

また、増えている集中豪雨の要因として地球温暖化（気候変動）があげられていますが、それをもたらしているのは、二酸化炭素の増加だといわれます。森林や緑地などは、二酸化炭素の吸収源になるため、適切な計画や整備により温暖化の進行をおさえ、災害につながる集中豪雨を減らすことも期待できます。

暴露の回避

過去の洪水や河川氾濫などによってできた氾濫平野とよばれる土地があります。かつては農地などに利用されていましたが、人口増加にともない、住宅や工場が建てられるようになりました。現在では市街地になっているところもありますが、激しい雨が降ると住宅などが浸水する可能性があります。このような、自然災害にあいやすい土地の開発をさけ、被害対象を減らすことが暴露の回避です。

生き物の中には、氾濫や土砂くずれによる環境かく乱*2を好むものもいるため、土地の利用を見直すことは、そうした場所の生態系の保全と再生につながります。こうして保全・再生された生態系は、緩衝帯としての機能を果たします。

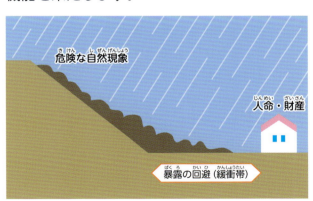

脆弱性の低減

危険な自然現象と人命や住宅、財産などの間に、生態系を物理的な緩衝材として設けることで、被害を軽減します。森林が土砂くずれを防ぐ、海岸防災林が潮風、飛砂、津波による被害を軽減する、サンゴ礁が高潮被害を軽減する、湿原が一時的に洪水を受け止めるなど、生態系が緩衝材となることで被害を軽減します。また、これらの生態系は、人間に食料や建設資材などを供給し、人間の暮らしを支えてくれます。

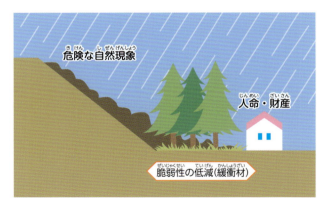

*2 環境かく乱：生態系のバランスがくずれること。環境が変化することで新しい生息場所が生まれることがある。

グリーンインフラとは

私たちはこれまで、生活を便利にするため、さまざまなインフラを整備してきました。しかし、地球温暖化や人口減少など、これまでとことなる課題に直面している今、土地利用やまちづくりを見直す時期にきています。豊かな地球環境を守りながら、私たちにとっても暮らしやすい社会を実現するため、新しい社会資本整備の考え方が広まっています。

🌱 自然がもつ機能を活用するグリーンインフラ

現代人の生活は電気だけでなく、上下水道やガスといったライフライン、道路や鉄道のような交通機関、インターネットなどのさまざまな設備や技術に支えられています。このようなインフラを整備することで、生活が便利になり、産業活動の効率化や発展にもつながります。しかし、インフラの整備や急激な都市化、土地の改造により、都市型水害などの問題が起こっています。

また、日本ではこれまで、おもにコンクリートなどの人工構造物による社会資本整備が行われてきました。しかし、こうしたインフラは時間とともに老朽化（➡10ページ）し、メンテナンスが必要になります。人口減少や高齢化が進む日本では、今後、インフラの老朽化や維持管理費の増大などが予測されています。

生態系サービス（➡13ページ）やEco-DRR（➡14ページ）など、生態系やその基盤になる自然環境には、さまざまな機能があります。これらの自然環境が有する多様な機能を、社会資本整備や土地利用などに活用し、持続可能な国土・都市・地域をつくるための施設そのものや考え方のことを**グリーンインフラ**といいます。アメリカで発案された社会資本整備の手法です。

グリーンインフラは、グリーン（自然）とインフラを合わせた言葉です。グリーンインフラのグリーンには、樹木や花などの植物だけでなく、土壌、水、風、地形といったさまざまな自然がふくまれます。

人工的にインフラを整備すると便利になるけど、
自然がになってくれていた機能やはたらきがなくなって
しまったり、そのあとの管理に課題があったりするんだね。
快適で安全なまちを維持するには、緑の力を活用していく
考え方が大切なんだ。

第1章 グリーンインフラについて知ろう

さまざまな社会課題
自然災害の激甚化、頻発化
インフラの老朽化
人口減少による管理者のいない土地の増加
など

これまでのインフラだけでは対応が難しい……

グリーン　×　インフラ
自然環境の多様な機能　　社会資本整備、まちづくり、土地利用

防災・減災
グリーンインフラ
地域振興　環境

自然の多機能性を住みやすいまちづくりや土地の維持・管理に活用！

各地域の特徴に合わせたグリーンインフラを取り入れることで、国土全体でさまざまな社会課題に対応

たとえば……

農山漁村部
豊かな自然環境を保全・管理

郊外部
里山や農地、川原を再整備・活用

都市部
公園緑地や街路樹として緑を整備

17

日本の都市とグリーンインフラ

日本において、グリーンインフラはさまざまな課題の解決策として期待されていますが、どのように取り組むとよいでしょうか。ここではとくに、日本の都市環境の特徴をふまえて、見ていきましょう。

🌱 「都市の中の緑」から「緑の中の都市」へ

日本は国土全体の約3分の2が森林におおわれていて、8ページのグラフのように、フィンランドやスウェーデンに次いで世界でも有数の森林率をほこります。しかし、都市空間の緑は、世界の主要都市と比べて少なく、車道やビルによって途切れ途切れになっていることも多いです。

都市戦略研究所が世界の主要な48都市を対象に行った「世界の都市総合力ランキング2023」によると、東京の緑地の充実度は、48都市中40位でした。

緑地の充実度ランキング（2023）

順位	都市名（国名）	スコア
1	メルボルン（オーストラリア）	100
2	ベルリン（ドイツ）	93.7
3	ヘルシンキ（フィンランド）	93.5
4	モスクワ（ロシア）	93.2
5	ストックホルム（スウェーデン）	91.5
⋮	⋮	⋮
40	東京（日本）	36.4
⋮	⋮	⋮

出典：森記念財団都市戦略研究所「世界の都市総合力ランキング2023」

現在の都市

グリーンインフラが取り入れられた都市

都市の緑地は、スポーツなどの活動の場や子どもの遊び場になり、そこに集まる人々の交流を生み出します。生き物にとっては、すみかやえさ場としての役割を果たします。

また、緑地や街路樹の整備、屋上緑化をすることで、雨水の一時貯留によって都市型水害を防ぐ効果や、植物の蒸散*によって気温の上昇を抑制する効果などが期待できます。

さらに、こうした緑地は、それまで個々に存在していた建物どうしをつなぐ歩行空間にもなります。

「まちの中に緑がある」状態から、「緑の中にまちがあり、まち全体が1つの庭になる」ことを目指すのが、グリーンインフラによるまちづくりなのです。

*蒸散：植物の体内の水が水蒸気となって空気中に出ていく現象。おもに葉の気孔で行われる。

🌱 グリーンインフラとグレーインフラを組み合わせて

グリーンインフラは、生態系が自然環境を維持しようとはたらくため、維持管理費用が少なくてすむという利点があります。たとえば、土地の生態系を防災のための緩衝帯として活用する場合、維持費用はほとんどかかりません。しかし、だからといって、すべてのインフラをグリーンインフラに変えていけばよいというわけではありません。規格化できる人工物とはことなり、植物や動物は成長し、日々変化するため、グリーンインフラの設計方法や管理方法を画一化することは難しく、初期コストがかかります。また、日本は温暖で降水量が多いため、植物の成長が速く、管理に手間がかかると考えられます。

グリーンインフラに対して、コンクリートなどを用いた道路、トンネル、ビルなどの人工構造物を**グレーインフラ**といいます。単一または少数の目的に特化しているグレーインフラは、機能面ですぐれています。

グリーンインフラは、単純に植物などの緑を増やしていく活動ではありません。グレーインフラとグリーンインフラ、それぞれの特徴をうまく活用して、さまざまな社会課題に対応していくことが大切なのです。

> グリーンとグレー、2つのインフラをうまく組み合わせることが、よりよい暮らしにつながるんだね。

▲道路の緑化（グリーンインフラ）と保水性ほそう（グレーインフラ）の組み合わせ。植物は根で水を浸透しやすくし、葉からの蒸散で気温を下げる。保水性ほそうは、雨の日にたくわえた水を晴れの日に蒸発させる。2つのインフラでヒートアイランド現象に対応する。

グリーンインフラが求められる世界的な潮流

私たちの生活が豊かになる一方で、生物多様性が失われ、地球温暖化など気候変動が深刻化しています。地球環境は限界をむかえつつあるという専門家もいます。こうしたなかで、世界的に自然環境の保全・再生・創出の潮流が高まっています。

🌱 ネイチャーポジティブ（自然再興）

現在、地球では、過去1000万年間の平均に比べて10〜100倍もの速さで生き物が絶滅しているとされ、自然（ネイチャー）がネガティブな状態にあります。そこで、新たに**ネイチャーポジティブ（自然再興）**という考えが打ち出されました。これまでの環境保全の取り組みだけでなく、経済・社会・政治・技術などの改善をうながし、生物多様性を回復軌道にのせて、自然をポジティブな状態にしようという考えです。

2022年12月に開催された生物多様性条約第15回締約国会議（COP15）や、G7[*1]の「2030年自然協約」などにおいてもその考え方が掲げられ、国際的な認知度が高まっているキーワードです。日本では、2023年3月に閣議決定された「生物多様性国家戦略2023−2030」において、2030年までにネイチャーポジティブを達成するという目標が掲げられました。この目標を実現するためにも、まちづくりやインフラ整備に自然を取り入れるグリーンインフラの取り組みが求められています。

植物や動物などの生き物をふくめ、みんなで豊かになろう、という考えだよ。

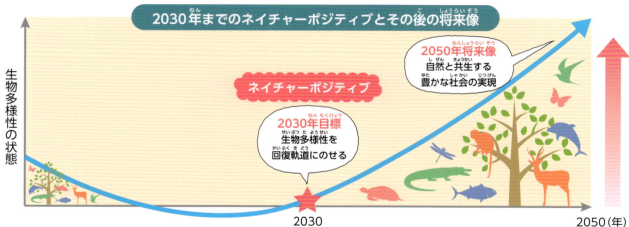

2030年までのネイチャーポジティブとその後の将来像

[*1] G7：Group of Seven の略で先進国首脳会議のこと。フランス、アメリカ、イギリス、ドイツ、日本、イタリア、カナダとEU（欧州連合）が参加している。

🌱 カーボンニュートラル

石炭、石油などの化石燃料を燃やすことで排出された温室効果ガスは、地球温暖化や気候変動の大きな原因になっています。

2020年10月、日本は2050年までに**カーボンニュートラル**の実現を目指すことを宣言しました。カーボンニュートラルは、二酸化炭素やメタンなどの温室効果ガスの排出量を全体としてゼロにするというものです。温室効果ガスの排出量をゼロにするのが難しい分野も多くあるため、吸収や除去を行うことで、差し引きゼロを目指しているのです。

カーボンニュートラルの実現には、温室効果ガス、とくに二酸化炭素の大気中の濃度を増やさないようにすることが重要です。森林は、二酸化炭素の吸収源として大きな役割を果たしています。林野庁によると、36～40年生のスギは、1年間に1本当たり約8.8kg[*2]の二酸化炭素を吸収しています。1世帯から1年間に排出される二酸化炭素の量は、約3730kg[*3]で、スギ約420本分が吸収する量と同じくらいになるといわれています。

郊外部や農山漁村部などでは湿地や森林などを保全・再生したり、まちなかにおいては都市公園や道路緑化などを進めたりするなど、国土全体でグリーンインフラを実装[*4]することで、二酸化炭素の吸収源になる樹木や植物を増やすことができます。

これと同時に、二酸化炭素を排出しない再生可能エネルギーの割合を増やせば、温室効果ガスの排出量を抑制することができます。

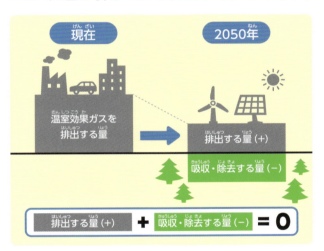

出典：環境省 脱炭素ポータル「カーボンニュートラルとは」をもとに作成

目標達成はいつまでに？

2015年に国際連合（国連気候変動枠組条約締約国会議）で採択されたパリ協定では、5年ごとに、**NDC**の提出が義務づけられています。NDCとは、Nationally Determined Contributionの略で、「国が決定する貢献」という意味です。**温室効果ガスの排出量削減目標**のことです。

2021年に国際連合に提出したNDCで、日本は2050年カーボンニュートラルに向け、2013年度に約14億800万トンだった排出量を、2030年度には46％削減することを目指し、さらに50％の削減に向けて挑戦を続けることを表明しました。

[*2] 林野庁「森林資源現況調査」(2022年3月31日現在)の全国累計を用いて算出した36～40年生のスギ人工林の1ha当たりの幹材積337m³をもとに算出された値。
[*3] 出典：温室効果ガスインベントリオフィス(2021年度の値)。
[*4] 実装：目的の機能をもつものを実際に設置すること。

新たな社会的ニーズとグリーンインフラ

グリーンインフラは、自然をインフラやまちづくりに取り入れ、その多様な機能を持続的に活用します。自然とふれ合える環境で、健康に暮らしたいというニーズが高まるなか、防災・減災はもちろん、新たな社会的ニーズにこたえる対策として、グリーンインフラへの期待が高まっています。

🌱 地域コミュニティへの貢献

　グリーンインフラを取り入れたまちでは、自然から持続的に恩恵を受けながら、地域の人々が自然を守り育てます。

　グレーインフラの整備は、安全面や技術面から行政が主体になって行いますが、グリーンインフラには、その維持管理に地域住民が参加しやすいという特徴があります。緑地や公園、水辺の清掃・除草活動などの日常的な管理を地域住民主体で行うことで交流が生まれ、暮らしの快適性を高めるだけでなく、コミュニティの形成にも役立ちます。

▲新潟県見附市のみつけイングリッシュガーデンでは、市民ボランティア団体が植物を管理している。　写真提供：新潟県見附市

🌱 ウェルビーイングの向上

　近年、ウェルビーイング（Well-being）[1]という言葉が注目されています。ウェルビーイングは、身体的にも心理的にも、そして社会的にも満たされた状態のことをいいます。感情としての幸福（Happiness）だけでなく、「健康で長生きすること」「信頼できる仲間がいること」など、生活の実態を大切にしようという考え方です。

　自然には、リラックス効果やストレス軽減効果があります。また、身近な自然は生き物の生息・生育場所であるとともに、植物や動物に関する教育の場、遊び場、家族の憩いの場にもなります。グリーンインフラにより、まちなかに豊かな自然環境を取り入れることで、生活の質が高まり、ウェルビーイングの向上につながります。

[1] ウェルビーイング：世界保健機関の憲章の「健康の定義」では、「健康とは、身体面、精神面、社会面における、すべてのウェルビーイング（良好性）の状況を指し、単に病気・病弱でないことを意味しない」とされていることから広まった。

自然環境を生かした地方創生・観光振興

自然がつくり出す景観や地場産品は、観光資源として観光客をよびこみ、地域社会や経済に好循環をもたらします。さらに、地域の自然環境や歴史・文化の魅力が観光客に伝われば、継承すべきものとして評価され、保全につながっていきます。

また、自然環境の保全は生物多様性の確保につながります。その地域固有の生き物や渡り鳥などの存在は、地域の価値を高めるとともに、地域住民にとっては地域への愛着やほこりと結びつきます。

▲生き物と景観に配慮した一の坂川のホタル護岸。地元の小学生や地域住民によるゲンジボタルの保護活動が行われ、現在ではゲンジボタルの発生地として県の観光スポットになっている(山口県山口市)。

写真(下)提供：一般社団法人 山口県観光連盟
写真(右上)提供：山口ふるさと伝承総合センター、山口市立大殿小学校

日本の川に注目した取り組み

●多自然川づくりと小さな自然再生

国土交通省は2006年に「多自然川づくり基本指針」を制定し、自然環境と地域の暮らしの調和に配慮した川づくりが推し進められることになりました。**多自然川づくり**では、川が本来もっている、生き物の生息・生育・繁殖環境や景観とともに、その地域の歴史や文化の観点から見た、その川らしさをできるだけ保全・創出する河川管理が行われます。

また、多自然川づくりへの意識を向上させたり、地域住民が積極的に川とかかわるようにしたりするため、地域住民が自分たちのできる範囲で河川を改良していく**小さな自然再生**の取り組みも広まっています。河川管理がその地域の魅力を高めることにもつながるのです。

●流域治水

気候変動による水害リスクの増大に備えるため、河川管理者だけでなく、国・都道府県・市区町村・企業・住民などの、河川流域にかかわるあらゆる関係者により、流域全体で行う**流域治水**の取り組みが進められています。

流域治水では、堤防の整備、ダムの建設・再生などの対策を加速するとともに、水田や水害防備林、湿地、ワンド[*2]、たまりなどの自然環境がもつ治水機能も活用しています。流域治水にも、自然環境が有する多様な機能を活用するという、グリーンインフラの考えが取り入れられているのです。

---

*2 ワンド：川ぞいに見られる、本川とつながった小さな池のような地形。たまりは川の水量が増えたときにつながるもの。

コラム❶
里山
人と自然がつながる場所

グリーンインフラは、まちづくりや社会資本整備のために、自然のさまざまな機能を活用する取り組みですが、日本では昔から、里山を通じて自然資源を利用してきました。

里山は、山地と集落の間に広がる農地やため池、人が管理する森林などで構成された地域のことです。人のあまり立ち入らない奥山と集落の間にあり、農業や林業など人の手が加わることで、その環境がつくられ、維持されてきました。

出典：私の森.jp (https://watashinomori.jp) の資料をもとに作成

人が管理する自然

人里に住む人々は、里山の自然からまきや炭、建材、食料、肥料などの資源を得て、定期的に樹木の伐採などを行うことで、その資源を管理してきました。しかし、高度経済成長期をさかいに里山の利用が減ると、人の手で成り立っていた自然資源の循環が失われ、里山の環境に大きな影響をあたえました。放置された里山は、生態系のバランスがくずれたり、土砂災害が起こりやすくなったりして、あれました。人が適度に木を切ることで、森林に光がさしこみ、植物の成長をうながし、そこにすむ生き物の生育環境を維持していたのです。

▲管理されなくなり、根がうき上がったヒノキの人工林。
出典：林野庁ホームページ (https://www.rinya.maff.go.jp/j/kanbatu/suisin/kanbatu.html)

日本の昔ながらの里山には、自然と人間が共生し、持続可能な暮らしをするためのヒントがちりばめられています。多くの環境問題に直面している今こそ、最も身近な自然である里山とのつき合い方を見直すことが大切です。

◀椹平の棚田。最上川をはさんだ山ぞいの里山に、おうぎ状に広がっている（山形県朝日町）。
写真提供：公益社団法人 山形県観光物産協会

古くからあった日本のグリーンインフラ

日本では、高度経済成長期に人工構造物によるインフラ整備が進みました。しかし、日本には古くから、自然を生かし、自然と共生する文化が根づいており、減災やまちづくりにも生かされてきました。今も残っている例を見てみましょう。

❶ いぐね（宮城県など）

住居の敷地を囲むように形成された林のことを一般的に屋敷林といいますが、東北地方の太平洋側では**いぐね**とよばれています。いぐねは、強い風や雪から家屋を守ったり、建材や燃料として利用されたりしています。

▲若林区長喜城のいぐね。複数のいぐねが集まり、森のようになっている（宮城県仙台市）。

写真提供：仙台市建設局百年の杜推進部百年の杜推進課
出典資料：「杜の都仙台わがまち緑の名所100選」

❷ 信玄堤（山梨県甲斐市）

信玄堤は、戦国武将の武田信玄が築いたとされる堤防です。当時、旧竜王町（現・甲斐市竜王）にある、釜無川と御勅使川の合流地点では、大雨のたびに水害が発生していました。そこでつくられたのが信玄堤です。約1800mにわたる不連続な堤防を築き、樹木を植えました。

また、その上流で、水流の勢いを弱める工夫もしています。御勅使川の流れを将棋頭とよばれる石積みで2分することで水量を減らすとともに、一方の流れが釜無川と合流する地点を北側にずらしました。そこには高岩とよばれる岩の崖があり、水の勢いをさらに弱めることができたのです。

▲信玄堤。石積みや自然の岸壁である高岩、不連続な堤防（霞堤）による治水システム。

写真提供：山梨県甲斐市

❸ 桂垣（京都府京都市）

　京都市西京区にある桂離宮は、美しい庭園で有名です。すぐ東側には桂川が流れていますが、その桂川ぞいに桂垣とよばれる生垣があります。桂垣は、地面から生えている竹をそのまま折り曲げて、下地になる竹垣に編みつけています。生垣の長さは約250mで、約800本の竹が編みつけられています。洪水時に桂川から流れてくる流木などから桂離宮を守ってきたのです。

▲桂垣。

写真提供：宮内庁京都事務所

❹ 紅葉谷川庭園砂防施設（広島県廿日市市）

　紅葉谷川庭園砂防施設は、2020年に、戦後につくられた土木施設として、全国初の重要文化財に指定されました。1945年の枕崎台風で被災した史跡名勝厳島の災害復旧事業として整備されたものです。土石流により堆積した巨石を利用し、紅葉谷公園の風景との調和が図られ、今もなお厳島を土砂災害から守り続けています。

▲紅葉谷川庭園砂防施設。

写真提供：広島県土木建築局砂防課

❺ 虹の松原（佐賀県唐津市）

　虹の松原は、佐賀県唐津市の唐津湾ぞいに、虹の弧のように連なる松原（松が生い茂る林）のことで、国の特別名勝に指定されています。約400年前に唐津藩の初代藩主が防風・防潮林として海岸線にクロマツを植林したのが始まりとされています。全長約4.5kmの松原には、約100万本の松が植えられているといわれています。

▲虹の松原。

写真提供：一般社団法人 唐津観光協会

国土全体でグリーンインフラに取り組むには

国土交通省は2023年10月に、国土全体でグリーンインフラの実装を加速していくため、実装のポイントを具体的にまとめた「グリーンインフラ実践ガイド」を公表しました。そのなかで、自然環境と土地利用の特性がことなる地域ごとに、グリーンインフラに取り組む方法がまとめられています。都市部、郊外部、農山漁村部の3つのエリアについて、その方法を見ていきましょう。

🌱 都市部で取り組む方法

人口が密集している都市部には、商業施設や企業、学校、映画館のような文化施設などが建てられ、高密度な土地利用がなされています。

都市部におけるグリーンインフラは、緑や水辺空間をつくり出すことや、それを活用することを通じて、気候変動への適応、居心地がよいまちなかづくり、生物多様性の保全などの社会課題を解決できると考えられます。

具体的な方法として、建物の屋上緑化・壁面緑化、市街地や道路での街路樹の育成・管理、生物多様性に配慮した護岸の設置、埋設した水路（暗きょ）・せせらぎの再生などが考えられます。

例 暗きょ―見えなくなった川や水路の再生

まちの中には、目に見えない川があることを知っていますか。都市部には、かつて地上を流れていた川にふたをし、埋めて見えなくした**暗きょ**が数多く存在しています。暗きょになった水路の上は、車道や遊歩道、駐車場などに利用されているため、多くの人が知らないうちに暗きょの上を通っています。

暗きょ化した水路を再生することで、都市部では貴重な自然空間を形成したり、ヒートアイランド現象に寄与したりする事例もあります。

▲暗きょだった水路（左）から、整備されてまちなみと調和した水路（右）に（石川県金沢市）。　　写真提供：金沢市文化スポーツ局歴史都市推進課

郊外部で取り組む方法

郊外部は、都市部に隣接した地域のことです。土地利用の密度が比較的低く、都市的な土地利用と自然的な土地利用が共存しているのが特徴です。

郊外部でグリーンインフラに取り組めば、植生や水辺の保全・管理・再生を通じて、流域治水（➡23ページ）や生態系ネットワークの構築、交流・コミュニティ形成などにつながっていくと考えられます。

例1 田んぼダム（水田貯留）

水田の落水口に調整板などを設置し、雨水を一時的に貯留する方法です。元来、水田には、雨水を一時的にためておく機能があるため、すでにある水田を田んぼダムにすることで、雨水貯留機能が強化され、排水路や河川の急な水位上昇をおさえます。

例2 里地里山の保全・管理

里地里山とは、自然環境と都市空間の間にある農地やため池、樹林などで構成された地域です。人の生活に結びついた里地里山は、適度に人の手が入ることで生態系が維持され、食料や木材など自然資源の供給の場として、重要な役割を果たします。

農山漁村部で取り組む方法

農山漁村部でグリーンインフラに取り組む方法としては、地形や植生などの自然環境を適切に保全・管理し、それらを生かした土地利用をすることが中心になります。それが災害に強い地域をつくり、産業の振興などにつながっていくと考えられます。また、エコツーリズム*1や環境学習などに地域全体で取り組むという方法もあります。

たとえば、新潟県佐渡市は、離島独自の文化や環境を生かした地域活性化に取り組んでいます。トキをはじめとした生き物に配慮した、生き物を育む農法や棚田の景観などが評価され、日本ではじめて、世界農業遺産*2に認定されました。

例 棚田の保全

棚田は、山の斜面や谷間の傾斜地に階段状につくられた水田のことです。棚田は、米を生産する場としてだけでなく、土砂くずれや洪水の防止、雨水貯留の役割を果たしています。また、農業を行うことで、カエルやメダカなどの水辺の生き物、こん虫、野鳥などの生息場所になります。育まれた貴重な生態系は、人々の自然体験の場にもなります。

▲美しい景観と多様な生態系が息づく棚田（左、片野尾棚田）と棚田で農作業体験をする子どもたち（右、小倉千枚田）（新潟県佐渡市）。
写真提供：佐渡棚田協議会

---

*1 エコツーリズム：自然環境や歴史・文化を体験して学ぶとともに、その保全に責任をもつ観光のこと。
*2 世界農業遺産：社会や環境に適応しながら継承されてきた伝統的な農林水産業やそれを営む地域のこと。国際連合食糧農業機関（FAO）が認定している。

まちなかにグリーンインフラを組みこむには

グリーンインフラに取り組む場合、さまざまな取り組みを個別に場所を分けて行うのではなく、地域の中で連携し、あらゆるところに「グリーン」を取り入れるという発想が重要です。それでは、私たちの暮らすまちには、どのようなグリーンインフラを組みこむことができるのでしょうか。7つの風景を題材に、より具体的な取り組み方を見てみましょう。

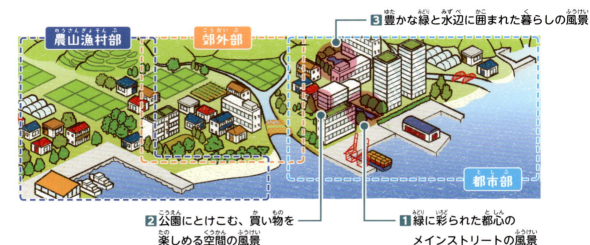

❸ 豊かな緑と水辺に囲まれた暮らしの風景
❷ 公園にとけこむ、買い物を楽しめる空間の風景
❶ 緑に彩られた都心のメインストリートの風景

🌱 ❶ 緑に彩られた都心のメインストリートの風景　　都市部

都市部の大通りを、公有地と民有地が一体になった歩行空間にすることで、都市部に暮らす人々のウェルビーイングの向上（➡22ページ）につながります。

街路樹や在来種の植物の植栽帯を設置すれば、ヒートアイランド現象の緩和、局地的な大雨時の雨水流出抑制、生物多様性の確保などにつながります。

❶ 生態系ネットワークとなる連続した植栽
❷ 緑陰の下のベンチやオープンカフェ
❸ 地域生態系に配慮した在来種や食草植物の植栽、雨庭（➡52ページ）
❹ 建築物上の緑化と雨水の一時貯留
❺ 緑化空間を活用した環境学習
❻ 保水性ほそう、透水性ほそうによる雨水浸透、冷却

30　30～33ページ出典：「グリーンインフラ実践ガイド」をもとに作成

2 公園にとけこむ、買い物を楽しめる空間の風景 　都市部

公園などの公共空間と、商業施設などの民有地を一体にした、連続的な空間をつくります。その空間を、地域のまちづくりに取り組む団体を中心に、さまざまな団体や人が活用することで、地域のにぎわいを生み出します。

緑化空間、水辺やふん水など水景（水のある景色）施設を設けることで、暑さの緩和、水循環の確保、生物多様性の確保などの効果が得られます。

① 大木による緑陰形成
② 植物からの蒸散による冷却
③ 屋上や壁面の緑化
④ 水景施設による冷却
⑤ 雨水貯留・浸透機能をもつ植栽帯
⑥ 在来種を中心とした緑化
⑦ 住民参加による草花の管理

3 豊かな緑と水辺に囲まれた暮らしの風景 　都市部

都市部に、住宅地と緑地・水辺が一体になった空間をつくります。

生態系ネットワークの形成により、生物多様性の確保やせまい地域での気温上昇の緩和などにつながります。その地域の樹木や植物を活用して緑化することで、雨水の流出をおさえ、景観も向上させます。

また、居住者や地域住民が緑地空間を維持管理することで、地域のコミュニティ形成（→22ページ）にもつながります。

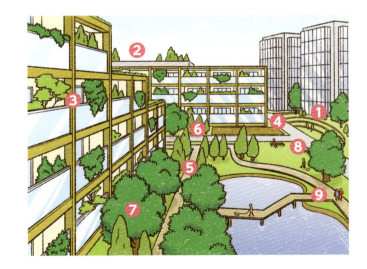

① 雨水貯留機能をもち、災害時に避難スペースとなる広場
② 雨水の一時貯留機能をもつ屋上緑化
③ ベランダやバルコニーを使ったガーデニング
④ バイオスウェル[*1]
⑤ 地元の木材を利用したマルチング[*2]、デッキ
⑥ 保水性ほそう、透水性ほそうによる雨水浸透、冷却
⑦ 既存樹木を保存した景観形成
⑧ 地域住民による植栽や広場などの管理活動
⑨ 水辺を生かした自然観察・遊びの場の形成

*1　バイオスウェル：砂利や植栽などによって雨水を浸透させる施設。緑溝。
*2　マルチング：雑草が生えないように地面をおおうこと。

6 地域に暮らす人々をつなぐ里山・農の風景
5 自然を身近に感じる水辺の風景
農山漁村部
郊外部
都市部
7 暮らしを守り、地域ににぎわいをつくる海辺の風景
4 身近な緑を核に住民が交流するまちかどの風景

4 身近な緑を核に住民が交流するまちかどの風景　都市部　郊外部

住宅地などにある、利用されていない土地や空き家を、コミュニティ広場、コミュニティガーデン、菜園などに活用します。

住民の交流の場になるとともに、植物や雨水タンクにより雨水貯留・浸透機能の向上、生き物の生息環境の創出や景観の向上などにつながります。

- ❶ 空き家の活用（サロンスペースなど）
- ❷ 樹木の保全
- ❸ コミュニティ広場
- ❹ コミュニティ菜園、エディブルガーデン*1
- ❺ 雨水利用（雨水タンク、散水）

5 自然を身近に感じる水辺の風景　都市部　郊外部

多自然川づくりの考え方（➡23ページ）を基本に、水辺空間や親水空間（水に親しめる空間）をつくります。

これにより、生物多様性が向上し、うるおいのある景観が形成されます。また、地域住民が計画・施工・維持管理にかかわれば、コミュニティの形成や自然とのふれ合い、環境学習などにつながります。

- ❶ 地域住民による管理（清掃、除草）
- ❷ 親水空間の設置
- ❸ エコトーン*2の形成
- ❹ 石、間伐材などを用いた水制*3の設置
- ❺ 伝統的な工法による護岸整備
- ❻ 水辺の散歩道の整備
- ❼ ベンチなどの設置

*1 エディブルガーデン：食べられる植物（野菜、ハーブ、果樹など）を主体にした花壇などのこと。
*2 エコトーン：移行帯、推移帯ともいう。陸域と水域、森林と草原など、ことなる環境が連続的に推移して接している場所。

6 地域に暮らす人々をつなぐ里山・農の風景

郊外部

森林や里山の保全と管理、農業の継続、水田や湿地の保全などを、地域の中で協力しながら行います。

里山の保全管理を地域住民、企業、保全活動団体、教育機関などが行えば、地域への愛着が生まれるとともに、自然体験・環境学習につながります。また、健全な水循環や治水機能の向上、生態系ネットワークの形成にもつながります。

① 地域住民による里山林の保全管理活動
② 里山・湿地環境をフィールドとした生態系・自然再生の調査研究
③ 里山林でのフットパス*4整備
④ 湿地環境の再生
⑤ 農業体験・環境学習
⑥ 休耕田の湿地化
⑦ 田んぼダム（➡29ページ）による洪水被害の軽減

7 暮らしを守り、地域ににぎわいをつくる海辺の風景

農山漁村部

湿地や干潟、藻場（海藻が茂る場所）を保全・再生し、砂浜や防潮林を防災・減災のために活用します。

多様な生き物が生息する環境がつくられ、二酸化炭素を光合成で吸収し、炭素を貯留する生態系の形成につながるとともに、レクリエーションの場としていくことで、地域を活性化させます。

① 防潮林と一体となった公園整備
② 地域住民による防潮林の植樹
③ 子どもたちの学習活動の場
④ 防潮堤背後のテラス
⑤ 地域住民による砂浜の清掃
⑥ 藻場造成型防波堤の整備
⑦ 干潟・藻場の再生

＊3 水制：水の勢いを弱めたり、流れる向きを変えたりするために水中に置く工作物。
＊4 フットパス：イギリスを発祥とする「森林や田園地帯、古いまちなみなど地域に昔からある、ありのままの風景を楽しみながら歩ける小路」のこと。

海外における グリーンインフラ

グリーンインフラは、もとはアメリカで発案された社会資本整備の手法でした。導入目的や対象は国際的に統一されているわけではなく、各国の実情に合わせた取り組みが行われています。

🌱 アメリカのグリーンインフラ

アメリカでは、おもに都市の緑地形成や雨水管理などを中心に、グリーンインフラが展開されています。ここでは、オレゴン州ポートランド市とニューヨーク州ニューヨーク市の取り組みを紹介しましょう。

オレゴン州ポートランド市

ポートランド市は、アメリカの西海岸に位置し、緑豊かなまちとして知られていますが、工業化の進んでいた1930年代から1960年代ごろまでは汚染がひどく、まちを流れるウィラメット川は「全米で最もきたない川」といわれていました。その後、都市再生に力を入れたポートランド市は、雨庭やバイオスウェルなどのグリーンインフラを数千か所に整備し、雨水の浄化や雨水貯留などを進めていき、環境先進都市として生まれ変わりました。

▲歩道に設置された雨庭（オレゴン州ポートランド市）。

写真提供：福岡孝則

ニューヨーク州ニューヨーク市

ニューヨーク市は、ブルックリン地区を中心に2300か所以上の雨水貯留施設や雨庭が施工されるなど、グリーンインフラが盛んに取り入れられている地域です。

自然公園のハイラインは、もとは2.3kmに及ぶ鉄道の廃線でしたが、その高架橋の構造を生かし、雨水の一時貯留や浸透機能をもつ緑地公園に再整備されました。都市のインフラが緑の骨格となる公園に生まれ変わり、現在では、年間600万人以上が訪れます。

▲空中庭園ハイライン。鉄道の高架部分につくられている（ニューヨーク州ニューヨーク市）。

写真提供：福岡孝則

🌱 ヨーロッパのグリーンインフラ

EU（欧州連合）の加盟国は、ヨーロッパの生物多様性を保全するため、自然保護区を設けるなどの活動に力を入れてきました。2013年には、「ヨーロッパの自然資本を強化していくためのグリーン・インフラストラクチャー戦略」が欧州委員会で合意され、EUの各地域でグリーンインフラへの取り組みが進んでいます。

ナチュラ2000

EUでは、1992年に自然保護区ネットワーク（ナチュラ2000）が設けられ、EU域内の2万6000をこえる地域が指定されています。しかし、EEA（欧州環境庁）は2020年、このナチュラ2000の約15％が、高速道路や都市などによってほかの自然地域から切りはなされ、生態系の能力が低下していると発表しました。EUでは、この分断された自然保護区をグリーンインフラでつなぎ、ヨーロッパを横断する自然ネットワークを構築することを目指しています。

🌱 シンガポールのグリーンインフラ

アジアにおけるグリーンインフラの先進事例として注目されているのが、シンガポールです。シンガポールは、水道水の40％をマレーシアから輸入しなければならないほど水資源の少ない国です。この水問題を解決するため、雨をむだにしない対策に取り組んできました。その対策の中心となるのが、グリーンインフラです。

ビシャン・パーク

シンガポールの取り組みでとくに大きなプロジェクトが、ビシャン・パークの再整備でした。ビシャン・パークは、コンクリート張りの排水路だったカラン川を自然型の川に再生し、隣接する公園と一体的に整備した都市型河川公園で、洪水抑制や生物多様性の向上を達成しています。また、都市に住む人々が自然にふれ、リラックスできる憩いの場にもなっています。

▲ビシャン・パーク（シンガポール）。
写真提供：Henning Larsen Private Limited

コラム❷
視点を変えてまちをつくる
ヒューマンスケールのまちづくりのためのプレイスメイキング

「まちをつくる」という言葉から、何をイメージしますか。ここに道路を通して、こちらに公園をつくって、ここにはショッピングモールを建てて……というように、インフラや施設をどこにつくるかを決めていく、そんなイメージをもっている人が多いかもしれません。

地図の上からまちを見下ろして、建物の配置を考えるのも、まちづくりにおいて大切な視点の1つです。しかし、単に必要な施設をつくるだけでは、住みやすいまちにはなりません。広い公園をつくっても、そこで何かしたい、そこを使いたいと思わなければ、人は来ないからです。

▲鳥瞰図。鳥が見下ろしたような視点でえがかれた図のこと。

人の活動に注目したまちづくり

では、「魅力的なまち」から、何を思いうかべますか。多くの人は、美しいまちなみや景観だけでなく、公園で趣味やスポーツを楽しむ人などを思いうかべるのではないでしょうか。まちの魅力は、人々の活動と密接にかかわっているのです。

つまり、魅力あふれるまちをつくるには、まちを単に建物や道路の集合体として見るのではなく、人目線（ヒューマンスケール）を重視し、「生み出したい利用者の活動」→「それが行われる空間」→「その空間をつくる環境・施設」の順に、まちをプランニングしていくことが大切です。

このような、建物におおわれていない空間（オープンスペース）に、利用者にとって心地よい居場所をつくる都市デザインの考え方や方法を**プレイスメイキング**といいます。居心地のよい空間の存在は、暮らしの質を高め、人々をひきつけます。また、19ページの図のように、人々の足の下で土壌や植物がどのようなはたらきをしているかを考えることも、とても大切です。グリーンインフラとプレイスメイキングの考え方にもとづいて、まちのオープンスペースを整備することで、住民が愛着をもって暮らせる、緑豊かなまちがつくられるのです。

アメリカのニューヨーク市にあるブライアント・パークは、緑あふれる都市公園です。公園内では、人々が芝生の上でヨガをしたり、可動式のいすに座って本を読んだり、園内のカフェで談笑したりして、自由に過ごしています。

ブライアント・パークは、1970年代ごろは犯罪の温床で、近寄りがたい場所として知られていました。1992年にプレイスメイキングにもとづいて再整備されたことで、人々の活動が生み出され、活気あふれる姿に生まれ変わったのです。

住民や観光客に親しまれるようになったブライアント・パークは、ニューヨークのまちに緑の美しい景観と暮らしの安らぎをもたらしています。

▲ブライアント・パーク（アメリカ ニューヨーク市）。
写真提供：福岡孝則

「自然と共生する社会」を目指して

国土交通省は2023年9月、ネイチャーポジティブやカーボンニュートラルなどの世界的な潮流をふまえ、従来の戦略を全面改訂した「グリーンインフラ推進戦略2023」を策定しました。そこでは、グリーンインフラで「自然と共生する社会」を目指すことが掲げられています。それはどのような社会なのでしょうか。

自然の力に支えられ、安全・安心に暮らせる社会

水田や湿地などは、雨水の貯留・浸透機能をもっていて、水害を軽減する役割を果たします。また、森林は、海岸ぞいに整備すれば潮風、飛砂、津波の被害の軽減につながり、山などに整備すれば土砂災害を軽減する役割を果たします。このように、自然は、人にとって危険な自然現象などを受け止め、私たちの命や財産を守る機能をもっています。

都市においては、都市の再整備やインフラの更新の機会に、自然の機能や、そのしくみを模倣した施設などを導入することで、自然の力に支えられ、安全・安心に暮らせる国土・都市・地域を実現することができます。

遊水地

大雨などで川が増水したときに、流水を一時的にためて川の水位を調節し、増水が終わったあとにゆっくりと流す施設を遊水地といいます。ふだんは水田や公園として利用されている場合が多いです。

茨城県、栃木県、群馬県、埼玉県の4県の県境にまたがる渡良瀬遊水地は、日本で最も大きい遊水地として知られています。渡良瀬遊水地は、ラムサール条約（特に水鳥の生息地として国際的に重要な湿地に関する条約）に登録されている湿地でもあります。1000種以上の植物や約270種の鳥類からなる、豊かな環境があります。

渡良瀬遊水地

▲ふだんの渡良瀬遊水地。

▲増水時の渡良瀬遊水地。

出典：関東地方整備局利根川上流河川事務所ホームページ
(https://www.ktr.mlit.go.jp/tonejo/tonejo00081.html)

🌱 自然の中で健康・快適に暮らし、楽しく活動できる社会

土壌や植物には、空気や水を浄化したり、雨を地下に浸透させて、地下水がたまる帯水層に水を供給したりするはたらきがあります。また、植物は蒸散によって気温の上昇をおさえ、快適な空間を提供します。

都市空間では、歩道やビルの屋上、広場などのオープンスペースにグリーンインフラを取り入れることで、そこで暮らす人や動物の心身の健康を支えます。

▲大手町の森（東京都千代田区）。
写真提供：東京建物株式会社、株式会社三輪晃久写真研究所

🌱 自然を通じたつながりが生まれ、子どもが健やかに育つ社会

自然は、食育の場、農業にふれあう場、植物や動物に関する教育の場として、子どもたちの健全な成長を助けることができます。また、自然は子どもたちの遊び場であり、家族の憩いの空間にもなります。生活空間に自然が豊富にあることにより、子どもたちのウェルビーイング（➡22ページ）を向上させます。

▲生物観察会に参加する小学生（愛知県名古屋市）。
写真提供：名古屋市河川計画課

🌱 地域活性化により、にぎわいのある社会

自然は、農産物や木材などの資源を生み出します。それらを活用して地場産品などをつくったり、自然が生み出す景観や文化が観光資源になったりすることで、地域活性化にも貢献しています。

また、**カーボン・クレジット*** を活用して地域活性化のための資金調達などを行えば、生態系を保全しながら産業振興にもつながり、にぎわいのある社会を実現することができます。

▲大島干潟。干潟や藻場の保全活動に加え、海洋生態系が吸収する二酸化炭素（ブルーカーボン）を対象にしたカーボン・クレジット制度（Jブルークレジット制度）により活動資金を調達（山口県周南市）。
写真提供：山口県周南市

---

*カーボン・クレジット：二酸化炭素などの排出量の見通しと、実際の排出量の差を数値化し、クレジットとして取引できるようにしたもの。企業が「どうしても減らせない二酸化炭素排出量」分を、ほかの企業や自治体から「見通し以上に削減できた量（カーボン・クレジット）」を買うことで、購入分の温室効果ガスを削減したものとみなす。

グリーンインフラの実装に向けた7つの視点

国土交通省の「グリーンインフラ推進戦略2023」では、自治体や民間企業がグリーンインフラによりいっそう取り組みやすいように、グリーンインフラを社会に実装するにあたって必要とされる7つの視点も示されています。

🌱 実装に向けた7つの視点とは

公園や緑地、雨水貯留・浸透施設、自然豊かな都市空間や建築物などのグリーンインフラを実際に施工・設置し、持続的に維持管理するには、次の7つの視点をふまえて取り組むことが大切とされています。

1 連携の視点

グリーンインフラは、民間の施設や土地をふくむ、国土・土地のあらゆる利用者にかかわるものであり、まちづくり全体として取り組む必要があります。そのため、行政と民間事業者、都市と農村、各種団体間、世代間などにおいて、それぞれ連携を図っていくことが重要とされています。

2 コミュニティの視点

公園緑地の清掃・除草など、グリーンインフラの維持管理には、地域のさまざまな人や団体のかかわりが必要です。そして、そのかかわり自体が地域のコミュニティづくりにつながります。

3 技術の視点

グリーンインフラには、社会課題の解決のために、自然の多様な機能を引き出す技術が求められます。しかも、それは環境に負荷をかけず、低コストで整備・維持管理ができるものでなければ実装につながらないため、環境とコストが両立できる技術の開発も重要です。

4 評価の視点

グリーンインフラの意義や効果は、さまざまな人に理解され、評価される必要があります。また、その評価は、二酸化炭素の吸収源としての評価など、さまざまな観点から行われることが大切です。

5 資金調達の視点

グリーンインフラは、住民の共感をよぶ、社会の持続性を高めるなど、その地域全体に便益をもたらします。実装のための資金調達は、クラウドファンディング*やカーボン・クレジット（➡39ページ）の活用、事業収益、市民・企業からの調達など、さまざまな方法が考えられます。

6 グローバルの視点

日本が伝統的に自然の力を暮らしの中に取り入れてきたこと（➡26ページ）をふまえ、ネイチャーポジティブ（➡20ページ）の実現に取り組む日本の姿を世界に知らせるとともに、日本のグリーンインフラ技術を世界に伝えていくことも大切です。

7 デジタルの視点

これまで進められてきたグリーンインフラに関するさまざまなデータが、行政分野、学術分野、民間分野などに蓄積されはじめています。これらのデータを、グリーンインフラの普及、評価、維持管理などに生かすために、デジタル技術の活用が求められています。

🌱 官民連携プラットフォームとグリーンインフラ大賞

グリーンインフラは、国、地方公共団体、民間企業、大学、研究機関などの技術を結集し、地域住民と協力して展開していく必要があります。こうした多くの主体がグリーンインフラについてのさまざまな技術をもちよる場として、国土交通省は2020年にグリーンインフラ官民連携プラットフォームを設立し、グリーンインフラの社会への実装を進めています。

また、全国にグリーンインフラを普及させるために、「自然と共生する社会」を体現するすぐれた取り組みや計画を表彰する制度としてグリーンインフラ大賞を設け、広く情報発信しています。

次のページから、第4回（令和5年度）グリーンインフラ大賞を受賞した、実施済みの事例を紹介します。

＊クラウドファンディング：インターネットを利用して不特定多数の人から資金を調達するしくみ。

第3章　グリーンインフラの実践事例

新柏クリニック

施設利用者と地域のQOL*・帰属意識を向上させる「森林浴のできるメディカルケアタウン」づくり

千葉県柏市にある新柏クリニックにおいて実施された、グリーンインフラによるまちづくりの取り組みです。6年間の整備事業を通じて、地域の生態系に配慮した、緑豊かなまち「森林浴のできるメディカルケアタウン」づくりが進められました。

診療所の建物だけでなく、リハビリテーションガーデンや雨庭などの屋外環境の整備により、地域景観の保全や地域住民の健康意識の向上にも寄与しています。

◀新柏クリニックの外観と街区景観。
写真提供：宮下潤

新柏クリニックの取り組みでは、建物に国産カラマツ210本分の木材を使用しています。

木材にふくまれる炭素は、燃やせば酸素と結びついて二酸化炭素になり、大気中に放出されますが、燃やさないかぎり、木材にたくわえられたままになります。木材の活用が、大気中の二酸化炭素量の削減につながるのです。

炭素固定化のしくみ
・二酸化炭素を吸収
・二酸化炭素の固定化
・木材建築
・建物自体が二酸化炭素の貯蔵庫に

* QOL：quality of life（クオリティ・オブ・ライフ）の略。「生活の質」のこと。　　制作協力：医療法人社団中郷会 新柏クリニック、株式会社竹中工務店

八ツ堀のしみず谷津
産官学民の連携・共創による湿地の再生と活用

第3章　グリーンインフラの実践事例

千葉県北西部の印旛沼流域は、海底が隆起してできた台地と、縄文時代には海底だった低地から構成されています。大地の縁には谷津とよばれる小さな谷が数多く存在しています。谷津では、わき水を生かした稲作によって豊かな湿地が維持され、自然がもつ多様な機能が維持されてきました。

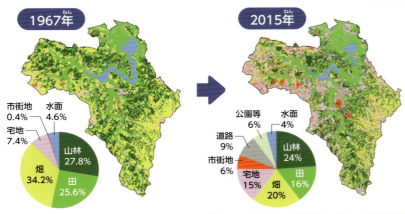

資料提供：千葉県　出典資料：印旛沼流域水循環健全化計画第3期行動計画

しかし、農業をする人が減ったことで、谷津が放置されたり、埋め立てられたりすることが多くなりました。その結果、この地域では谷津の数が半分ほどに減少し、生き物の減少や水質の悪化など、さまざまな問題が発生しています。

こうした状況をふまえ、2021年4月以降、企業や自治体、研究所、大学、地元団体が協力して、月1回の管理作業を実施し、湿地環境の再生活動を進めています。また、その活動を継続しながら、多世代に自然にふれる機会を提供したり、都市部の市民団体と連携して自然資源を有効活用したりして、人と自然の新しいかかわり方を構築しています。

▲湿地再生活動のようす。
写真提供：清水建設株式会社

バイオ炭づくり

秘密基地づくり

◀谷津をさまざまな方法で活用し、自然の恵みを人や地域に還元。
写真提供：清水建設株式会社

制作協力：清水建設株式会社

気仙沼市舞根地区の震災復興と流域圏創成

宮城県気仙沼市の舞根地区では、津波防災と環境創生を両立させる地域づくりに取り組んでいます。

1980年以降、人口減少が続いていたなかで、2011年に東日本大震災が発生しました。舞根地区でも、地域コミュニティの維持が危ぶまれました。また、防潮堤などの復旧工事によって水際が失われ、水産資源が減少するのではないかと不安視されていました。

それまでも、環境教育や植樹などに力を入れていた舞根地区ですが、震災後、「森・川・里・海がつながった流域圏」をコンセプトに、自然と調和したまちづくり事業を開始しました。住民の合意を得て、まちを高台に移転させるとともに、防潮堤をつくらずに、地震による地盤沈下でできた湿地や干潟の環境を保全することで、生物多様性を向上させたのです。

▲震災後にできた環境を生かしたまちづくり。
写真提供：NPO法人 森は海の恋人

共感を得るために同時に進められた3つの活動

活動❶
沿岸・河川・湿地での生物環境モニタリング
隔月で生物環境を調査し、震災からの推移を記録し続けた。全国の大学や市内外の小中学校、市民ボランティアが参加することで、交流人口が増し、地域の活性化が図られた。

活動❷
環境教育
市内外の小中高等学校が、沿岸に残された自然環境で課外学習を行うことを希望したため、これを受け入れ、自然の回復力や自然共生社会についての学びを提供した。

活動❸
広報・交渉
生物環境の調査と環境教育の実施状況を定期的に報告し、ふるさとの自然の価値を知る機会を提供した。また、外部からの見学・視察者を受け入れることで、プロジェクトの外部評価の高さを住民や市役所に知ってもらった。

制作協力：NPO法人 森は海の恋人

まちの小さな庭の大きな治水機能

埼玉県南部にある川越市は、埼玉県内でもとくに暑い地域です。蔵造りのまちなみが残る一方で、市の中心部では都市化が進み、集中豪雨にともなう浸水被害、ヒートアイランド現象などが増えていました。

この取り組みは、伝統工法による住宅の建築機能を活用した、住宅とつながりのある外部空間と環境づくりを目指したものです。「小さな庭でもできるグリーンインフラ」として、個人宅の庭という限られた敷地空間に、地域の治水機能や環境保全機能をもたせました。

庭づくりでは、伝統技術を用いながら、貯水ではなく、新しい治水機能をつくりました。敷地全体の土中改善造作を行い、浸透した雨水が水脈へとつながるようにしたのです。また、環境を育む自然石や丸太などを多用したり、建て替え前の家で使用されていた瓦や廃材なども資材として利用したりするなど、環境への配慮をしつつ、利便性を失わない設計がされました。

▲まちの小さな庭の大きな治水機能（埼玉県川越市）。
写真提供：有限会社栗原造園

以前は、集中豪雨が起こると道路から雨水が流入し、建物近くまで浸水していましたが、この取り組みにより、周辺から流入した雨水が下水道に放出されることなく、土中に浸透するようになりました。今後、こうした治水機能をもつ住宅が増えていけば、自然災害に強いまちづくりにつながると期待されています。

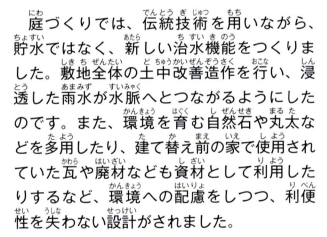

▲取り組み前は降雨後、水たまりが池のようになっていた（左）。
取り組み後は、雨が止むと同時に雨水が地下に浸透するようになった（右）。
写真提供：有限会社栗原造園

制作協力：有限会社栗原造園

GREEN SPRINGS

GREEN SPRINGSは、東京都立川市緑町みどり地区にある複合施設です。隣接する国営昭和記念公園と同じように、在日米軍立川基地の跡地につくられました。駅前の都市環境と公園の豊かな自然を結ぶ場所にあり、「空と大地と人がつながるウェルビーイングタウン」がコンセプトです。

▲GREEN SPRINGS（写真中央）と昭和記念公園（写真右上）。
写真提供：株式会社立飛ストラテジーラボ

GREEN SPRINGSでは、駐車場を1階に集約し、2階に造成した人工地盤上に緑あふれる広場を整備しました。これにより、歩行者と車が立体的に分離され、歩行者が歩きやすく居心地のよい空間をつくり出しています。

GREEN SPRINGSによって、昭和記念公園の緑と街路樹などのまちの緑とがつなぎ合わされ、緑豊かな景観をつくり出しています。

広場の中央にあるビオトープには、多摩川の環境が再現され、地域の水生植物の保全に加え、子どもたちが地域環境を学ぶ場にもなっています。

また、建物の軒天井や広場のベンチには、多摩産の木材が使われ、地産地消による地域経済の循環や森林の保全にも貢献しています。

都市の中に自然を取りもどし、地域の植物や自然にふれる機会をつくり出すことで、地域への愛着やほこりを感じられる環境が生み出されているのです。

▲ビオトープ。絶滅危惧種の水生植物を保全する役割もになっている。
写真提供：株式会社立飛ストラテジーラボ

制作協力：株式会社立飛ストラテジーラボ、株式会社大林組

日新アカデミー研修センター
雨庭による希少種保全とインフラ負担軽減

第3章 グリーンインフラの実践事例

京都府京都市にある日新アカデミー研修センターで、都市インフラの負担軽減や生物多様性の保全、地域コミュニティの形成を目的とした、雨庭づくりの取り組みが行われました。

京都市内では近年、集中豪雨による水害リスクが高まり、浸水被害や、下水道から川へ流れ出た未処理水による水質汚染、生態系への影響などが不安視されていました。また、京都の文化にゆかりのあるフジバカマ、ヒオウギなどが「京都府レッドデータブック*1改訂版レッドリスト（2022）」で絶滅寸前種に分類されたことで、それらの保全も求められていました。

日新アカデミー研修センターでは、敷地内に降った雨水が屋根などから集められ、枯流れ*2・水景・雨落*3の庭に浸透・一時貯留するまでの過程を可視化しており、雨水活用への関心を高める活動を行っています。希少種をふくめた植栽のある枯流れ・水景・雨落の庭をつくることで、その保全とともに、都市インフラの負担の軽減、植栽のもつろ過機能などによる水質浄化、地域景観の美化にも貢献しています。

▲歩道に面した水景と雨庭（京都府京都市）。
写真提供：株式会社エスエス　津田裕之

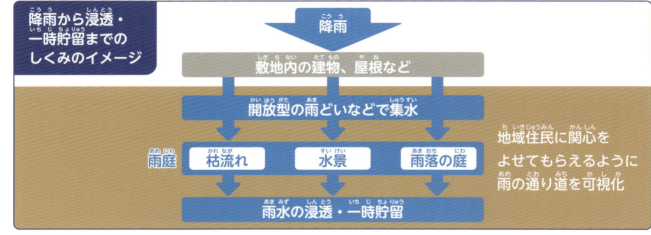

降雨から浸透・一時貯留までのしくみのイメージ

*1 レッドデータブック：絶滅危惧種などの生息状況をまとめた本のこと。
*2 枯流れ：石や砂利で水の流れを表現し雨水を吸水する形式。
*3 雨落：雨水を受けるための軒どいをなくし、屋根から自然に雨を落として砂利などで受けること。

制作協力：日新電機株式会社、鹿島建設株式会社、株式会社ランドスケープデザイン

47

みんなでつくる「自然と共生する公園」
あさはた緑地

静岡県静岡市にあるあさはた緑地は、「未来につながる緑のあそび場」をテーマにした静岡市の都市公園です。

静岡市では、昭和49年の豪雨災害を機に約206haの麻機遊水地が整備されましたが、近年の集中豪雨の頻発化にともない、常に一定の治水機能を維持管理していくことが求められるようになりました。あさはた緑地の取り組みは、公園のグリーンインフラの機能を引き出し、地域活性化、遊水地の活用、自然とのかかわりなどの複数の地域課題に対応する取り組みです。

▲▼あさはた緑地（静岡県静岡市）。
写真提供：一般社団法人グリーンパークあさはた

あさはた緑地の活動として、市民による湿地づくりを行い、自然体験の提供や生物多様性の保全、治水機能の維持に取り組んでいます。また、おもに子どもを対象とした環境学習や防災教育を実施したり、障がいのある人に配慮した施設整備を行ったりするなど、だれもが過ごしやすい緑地環境の維持に取り組んでいます。

環境学習プログラム

小学生向けに年複数回の連続講座「あさはたマスター」を実施。グリーンインフラを多面的に学習します。

市民チームの活動

市民チーム「キツネノボタン」が、子どもや車いす利用者にも配慮した湿地づくり活動を行っています。

園内の維持管理

障がいのある人にも配慮した施設整備や、だれもが過ごしやすい緑地環境の維持、生態系に配慮した除草作業を行っています。

写真提供：一般社団法人 グリーンパークあさはた

制作協力：一般社団法人 グリーンパークあさはた、静岡市

「にぎわいの森」
放棄林を活用した観光交流拠点

三重県いなべ市の課題は、地域資源を都市の住民にアピールするコンテンツや場所をつくり、将来的に移住や定住を促進することと、放棄林を原因とする獣害を減らすことでした。そこで、地域の森林の機能を生かし、「まちづくり・ひとづくりの拠点を整備する」ことを目的に、グリーンインフラに取り組みました。

にぎわいの森は、いなべ市の新庁舎の隣に広がる、約3万6106m²の放棄林を生かして整備された商業施設です。都市部で人気の飲食店やカフェなどが誘致され、地域の農家や飲食店と連携することで、地域資源を生かしたサービス・商品を提供しています。

▶にぎわいの森では、緑と商業施設が一体になっている（上）。
日曜にはマルシェが開催（下）され、市民・市内事業者が出店して、にぎわいの森来訪者との交流の場になっている。
写真提供：三重県いなべ市

2019年ににぎわいの森が整備されたことで、いなべ市の観光客数は増加し、大きな経済効果をもたらしました（右のグラフ）。また、獣害が減少するとともに、適切な植栽・森林保全による二酸化炭素吸収効果、訪問者のウェルビーイング効果も生み出しています。

いなべ市の観光入込客数の推移

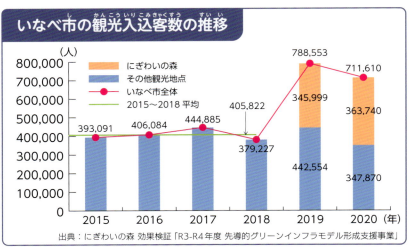

年	その他観光地点	にぎわいの森	いなべ市全体
2015			393,091
2016			406,084
2017			444,885
2018			379,227
2019	442,554	345,999	788,553
2020	347,870	363,740	711,610

2015～2018 平均 405,822

出典：にぎわいの森 効果検証「R3-R4年度 先導的グリーンインフラモデル形成支援事業」
制作協力：三重県いなべ市、一般社団法人 グリーンクリエイティブいなべ

第3章 グリーンインフラの実践事例

グリーンインフラとオープンスペース

これまで見てきたように、グリーンインフラをまちに取り入れるには、農地、河川、樹林地[*1]、田んぼ、公園などのオープンスペースをどのように活用するかがカギになります。

人とまちをつなぐオープンスペース

昭和8年「東京都市計画報告 第1回 公園」には、「公園は都市の窓であり、市民の肺である」と書かれていました。公園のようなオープンスペースは、人と人、人と場所、そして人と自然がつながる中心になります。

グリーンインフラを取り入れたまちづくりは、広場や公園などのオープンスペースを基軸に、まちを再生・再構築していくことでもあります。緑豊かで多機能なオープンスペースが、まちをなめらかにつなぐことで、まち全体が1つの公園のようになるのです。

東京都世田谷区の取り組み

東京都世田谷区は、全国的に見てもグリーンインフラの取り組みが進んでいるまちの1つです。世田谷トラストまちづくりなどの中間支援組織やNPO雨水まちづくりサポートなどの団体、東京農業大学などの教育機関、世田谷グリーンインフラ研究会などの組織と連携し、グリーンインフラを区民へ普及するために、さまざまな取り組みを行っています。

2020年に作成し、必要に応じて更新している「せたがやグリーンインフラライブラリー」もその1つです。これは、グリーンインフラの6つの機能（地下水涵養、流域対策、緑化、みどりの保全、雨水利用、ヒートアイランド対策）に着目し、このうち3つ以上の機能をもち、みどりの基本計画（1999年）策定以降に整備された道路、公園、建物などを紹介したものです。

*1 樹林地：樹木が一定の割合（枝葉で地表に影ができる割合など）で生育している土地のこと。
*2 ソフトインフラ：社会活動を支える制度や基準、技術、人材のこと。

出典：世田谷区「せたがやグリーンインフラライブラリー2023」をもとに作成

● グリーンインフラ施設
— 河川

世田谷区は東京23区の中で最も人口が多い区ですが、オープンスペースをうまく活用し、まち全体でグリーンインフラを取り入れています。

第3章　グリーンインフラの実践事例

区立シモキタ雨庭広場

　世田谷区を歩くと、さまざまなグリーンインフラがまちにとけこんでいることがわかります。

　シモキタ雨庭広場は、もとは小田急電鉄の線路が走っていた土地に整備された、雨庭のある広場で、グリーンインフラの取り組みの1つです。子どもの遊び場としてはもちろん、景観のよい植栽や芝生のおかげで、多様な世代が楽しむことができます。2022年にオープンして以来、地域住民の人気スポットになっています。

▲シモキタ雨庭広場。　写真提供：東京都世田谷区

▲雨庭。集まってきた雨水が砕石層（左上図）を通ってゆっくり浸透するため、排水溝などに急に水が流れこまない。
写真提供：東京都世田谷区

　シモキタ雨庭広場は、憩いの場としてだけでなく、都市型水害を軽減する役割にもなっています。

　すりばち状の地形を生かしてつくられた広場に雨が降ると、周囲の雨水が雨庭に集まります。雨庭の機能で、水をゆっくりと地下に浸透させることで、地表に雨水がたまったり、排水溝や河川に水が勢いよく流れこんだりするのを防いでいます。

51

家でも実践　雨庭づくり

人口約94万人（2024年）の世田谷区では、土地の約6割が住宅地です。そのため、世田谷区は、個人住宅への雨庭の普及にも力を入れています。世田谷区と世田谷トラストまちづくりは、2021年度から定期的に「世田谷グリーンインフラ学校」を開催しています。ここでは、3日間にわたってグリーンインフラや雨水利用などについて体系的に学び、雨庭づくりを体験することができます。

🌱 自宅に1坪の雨庭をつくろう

雨庭は、雨水を一時的に貯留し、時間をかけて地面へと浸透させます。水害対策になるだけでなく、土壌に雨水をしみこませることで、地下水を豊かにし、植物を植えることで生物多様性の保全などにもつながります。

- 雨水貯留のための水がめ（雨水タンク）
- チョウやミツバチなどのえさ場になる花
- かんそうに強く、水はけを好む植物
- 雨水を浸透しやすく改良された土壌

写真提供：一般財団法人 世田谷トラストまちづくり

用意するもの

道具：軍手、けんスコップ、巻き尺
材料：砕石、軽石、発泡ガラスカレットなどの浸透貯留材*1（いずれも大粒）、玉砂利、腐葉土、赤玉土、マルチング材*2、好きな植物

> 雨庭づくりをするなら、作業しやすい服に着替えてから始めよう。必ずおとなといっしょに作業してね。

ステップ❶　庭のどこにつくるかを決めよう

まずは雨が降ったとき、家の敷地をよく観察しましょう。雨水のたまりやすい場所や雨水が流れていく方向がわかります。

しめり気がある、水たまりができやすいなどの特徴がある場所に雨庭をつくります。また、建物などの基礎に影響がないよう、家やへいなどから30cm以上はなしておきましょう。

- 軍手
- 長そでの服
- 丈の長いズボン
- 長ぐつ

*1 浸透貯留材：透水性をよくするための材料。
*2 マルチング材：土の表面を各種資材でおおうことをマルチングといい、マルチングに使うバークチップなどをマルチング材という。

ステップ❷ 深さ30cmの穴を掘る

雨庭をつくる場所を決めたら、掘る前に、給水管や排水管などがないか確認しておきましょう。図面などがなければ、ゆっくり試し掘りをします。

掘る穴の深さは30cmほどです（透水性のよい地盤が現れる目安）。掘った際に大きな石や砂利が出たらより分けておきます。

掘った穴に入ったり、穴の底をふみ固めたりすると浸透機能が下がってしまうので、しないようにしましょう。

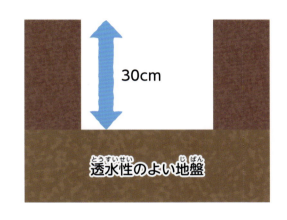

ステップ❸ 浸透貯留材を穴の中にしきこむ

穴に浸透貯留材を深さ15〜20cmほど、平らにしきこみます。このとき、ステップ❷でより分けておいた石や砂利の粒の大きさが浸透貯留材と同じであれば、いっしょに投入しても構いません。

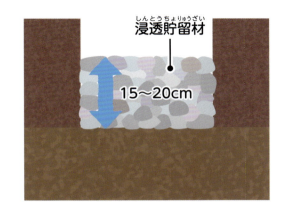

ステップ❹ 庭として仕上げる

最後に、庭として仕上げましょう。玉砂利をしいて枯山水のようにしたり、土でおおい、植物で緑化したりする方法があります。在来種や、その地域に合った植物を植えることで、雨庭が生き物のすみかや移動空間になります。雨庭は水はけがよく、かんそうしていることが多いため、かんそうを好む植物を選ぶとよいでしょう。そのほか、日照条件や風通しなどを確認して、植える場所の環境に合ったものを選びます。

景観や植物の成長を楽しみ、庭として育てていくことで、防災や生物多様性の保全はもちろん、私たちの生活のうるおいや充実につながっていきます。

▲雨庭。雨水タンクのまわりにさまざまな植物が植えられている。

写真提供：一般財団法人 世田谷トラストまちづくり

このページは一般財団法人 世田谷トラストまちづくりの監修のもと作成しました。
雨庭づくりについてもっと詳しく知りたいときは、右の二次元コードから、
一般財団法人 世田谷トラストまちづくり ウェブサイト（https://www.setagayatm.or.jp）へ。

第3章 グリーンインフラの実践事例

さくいん

あ

空き地……………………………………… 11
あさはた緑地……………………………… 48
雨落(あまおち)…………………………… 47
雨庭(あめにわ)……………… 30、34、42、47、51〜53
アメリカ…………………… 8、16、34、36
暗きょ……………………………………… 28
いぐね……………………………………… 26
EEA(欧州環境庁)……………………… 35
EU(欧州連合)…………………………… 35
インフラ……………………… 9〜11、16、17、19、20、
　　　　　　　　　　　　　22、26、36、38、47
ウェルビーイング…………… 22、30、39、46、49
雨水タンク………………………… 32、52、53
雨水貯留(・浸透)…… 15、29、31、32、34、40
エコツーリズム…………………………… 29
Eco-DRR………………………………… 14、16
エコトーン………………………………… 32
エディブルガーデン……………………… 32
NDC………………………………………… 21
FAO(国際連合食糧農業機関)………… 8、29
OECD……………………………………… 8
オープンスペース…………… 36、39、50、51
屋上緑化……………………………… 18、28、31
温室効果ガス……………………………… 21、39

か

カーボン・クレジット…………………… 39、41
カーボンニュートラル…………………… 21、38
可住地(かじゅうち)……………………… 9
河川氾濫(かせんはんらん)……………… 14、15
桂垣(かつらがき)………………………… 27

枯流れ ほか

枯流れ(かれなが)……………………………… 47
環境学習…………………… 29、30、32、33、48
環境かく乱………………………………… 15
気候変動……………… 10、11、15、20、21、23、28
QOL………………………………………… 42
京都府レッドデータブック……………… 47
クラウドファンディング………………… 41
グリーンインフラ官民連携プラットフォーム…… 41
グリーンインフラ大賞…………………… 41
GREEN SPRINGS(グリーン スプリングス)…… 46
グレーインフラ………………………… 19、22
郊外部…………………… 17、21、28、29、30、32、33
洪水…………………… 8、14、15、27、29、33、35

さ

(里地)里山…………………… 17、24、29、32、33
湿地…………………… 21、23、33、38、43、44、48
シモキタ雨庭広場(あめにわひろば)…… 51
社会資本(整備)…………… 10、16、17、24、34
獣害(じゅうがい)…………………………… 11、49
集中豪雨…………………… 15、45、47、48
蒸散(じょうさん)……………………… 18、19、31、39
新柏クリニック…………………………… 42
シンガポール……………………………… 35
信玄堤(しんげんづみ)…………………… 26
浸透貯留材(しんとうちょりゅうざい)…… 52
水害防備林(すいがいぼうびりん)……… 14、23
水景(すいけい)…………………………… 31、47
水制(すいせい)…………………………… 32、33
脆弱性の低減(ぜいじゃくせいのていげん)…… 14、15
生態系サービス(せいたいけい)………… 12、13、16

生態系ネットワーク ……………… 29〜31、33
生物多様性 ……………… 13、20、23、28、30〜32、
　　　　　　　　　　　　　35、44、47、48、52、53
世界農業遺産 ……………………………… 29
せたがやグリーンインフラライブラリー ……… 50、51

た

多自然川づくり ………………………… 23、32
棚田 …………………………………… 24、29
炭素固定化 ……………………………… 42
田んぼダム（水田貯留） ………………… 29、33
地域コミュニティ ……………………… 22、44
小さな自然再生 …………………………… 23
地球温暖化 ……………………… 15、16、20、21
地方創生 ………………………………… 23
津波 …………………………………… 15、38、44
透水性ほそう …………………………… 30、31
都市部 ……………… 17、28〜32、43、49
土砂くずれ …………………… 9、14、15、29

な

ナチュラ2000 …………………………… 35
にぎわいの森 …………………………… 49
二酸化炭素 ……………… 13、15、21、33、39、41、42、49
虹の松原 ………………………………… 27
日新アカデミー研修センター ……………… 47
ネイチャーポジティブ（自然再興） ………… 20、38、41
農山漁村部 …………… 17、21、28、29、30、32、33

は

バイオスウェル ………………………… 31、34
暴露の回避 ……………………………… 14、15
ハザードの軽減 ………………………… 14、15
ヒートアイランド（現象） ………… 19、28、30、45、50
ビオトープ ……………………………… 46
東日本大震災 …………………………… 44
干潟 …………………………………… 33、39、44
飛砂 …………………………………… 15、38
ビシャン・パーク ……………………… 35
フットパス ……………………………… 33
ブライアント・パーク …………………… 36
プレイスメイキング ……………………… 36
防災・減災 ……………… 9、14、22、33
防潮堤 …………………………………… 33、44
防潮林 …………………………………… 27、33
保水性ほそう …………………… 19、30、31

まやらわ

マルチング ……………………………… 31、52
藻場 …………………………………… 33、39
紅葉谷川庭園砂防施設 …………………… 27
谷津 …………………………………… 43
遊水地 …………………………………… 38、48
ヨーロッパ ……………………………… 8、35
ライフライン …………………………… 9、16
ラムサール条約 ………………………… 38
流域治水 ………………………………… 23、29
渡良瀬遊水地 …………………………… 38
ワンド …………………………………… 23

| 監修者紹介 | 福岡 孝則（ふくおか たかのり） |

東京農業大学 地域環境科学部 造園科学科教授。Fd Landscape主宰。ペンシルバニア大学芸術系大学院ランドスケープ専攻修了後、米国・ドイツにてランドスケープ・都市デザインの実務に取り組む。神戸大学持続的住環境創成講座特命准教授を経て、現職。世田谷区都市計画審議会委員、東京都あまみずグリーンインフラ検討委員会委員、鎌倉市深沢地区まちづくりガイドライン策定委員会委員、グリーンインフラ官民連携プラットフォーム企画広報部会長等を担当。作品にコートヤードHIROO（グッドデザイン賞）、南町田グランベリーパーク（都市景観大賞、緑の都市賞、土木学会デザイン賞、日本造園学会賞）など。編著書に『Livable City（住みやすい都市）をつくる』（マルモ出版）、『海外で建築を仕事にする２−都市・ランドスケープ編』（学芸出版社）、『実践版！グリーンインフラ』（日経BP）ほか。

| 雨庭づくり（52〜53ページ）監修 | 一般財団法人 世田谷トラストまちづくり |

平成18年４月１日設立。世田谷区民主体による良好な環境の形成及び参加・連携・協働のまちづくりを推進。「ひと・まち・自然が共生する世田谷」の実現を目指し、民有地のみどりや特別保護区等の自然環境、歴史的・文化的環境の保全に取り組んでいる。

| 構成・編集・執筆 | 株式会社 どりむ社 |

一般図書や教育図書、絵本などの企画・編集・出版、作文通信教育「ブンブンどりむ」を行うほか、発達障害児向け学習教材システム「my learning habit〈マイラビ〉」を運営。絵本『ビズの女王さま』、単行本『楽勝！ ミラクル作文術』『いますぐ書けちゃう作文力』などを出版。『小学生のことわざ絵事典』『統計と地図の見方・使い方』『土の大研究』『流域治水って何だろう？』『身近な自然現象大研究』『微生物のはたらき大研究』（以上、ＰＨＰ研究所）、『ぜったい算数がすきになる！』『ぜったい社会がすきになる！』（以上、フレーベル館）などの単行本も編集・制作。

| イラスト | 多田 あゆ実 |

| 主な参考文献（順不同） |

●書籍・論文・冊子・リーフレット
『実践版！グリーンインフラ』（日経BP）、『世界の都市総合力ランキング YEARBOOK 2023』（森記念財団）、「自分でもできる雨庭づくりの手引き」（一般財団法人 世田谷トラストまちづくり）、「グリーンインフラ実践ガイド」「グリーンインフラ推進戦略2023」「未来につなぐインフラ政策」「新たな暮らし方に適応したインフラマネジメント」（以上、国土交通省）、「さぁ楽しもうエコツーリズム！」「生態系を活用した防災・減災に関する考え方」「自然と人がよりそって災害に対応するという考え方」「将来にわたって質の高い生活をもたらす「新たな成長」の基本的考え方」（以上、環境省）、「グリーンインフラ事例集（令和６年３月版）」（グリーンインフラ官民連携プラットフォーム）、「グレーインフラからグリーンインフラへ 自然資本を生かした適応戦略」（中村太士）、「公園空間活用事例調査研究（中間報告）」（国土交通政策研究所）
●ウェブサイト
内閣府、国土交通省、環境省、農林水産省、経済産業省、国土地理院、関東地方整備局、近畿地方整備局、中部地方整備局、各都道府県市町村ウェブサイト、FAO（国際連合食糧農業機関）、ポートランド市ウェブサイト
※その他、各種文献、各専門機関のウェブサイトを参考にさせていただきました。

グリーンインフラって何だろう？
自然と共生する社会づくりをさぐろう

2025年5月2日　第1版第1刷発行

監修者　福岡孝則
発行者　永田貴之
発行所　株式会社ＰＨＰ研究所
　　　　東京本部　〒135-8137　江東区豊洲５−６−52
　　　　　　　　　児童書出版部　☎03-3520-9635（編集）
　　　　　　　　　普及部　☎03-3520-9630（販売）
　　　　京都本部　〒601-8411　京都市南区西九条北ノ内町11
　　　　PHP INTERFACE　https://www.php.co.jp/

印刷所
製本所　TOPPANクロレ株式会社

©PHP Institute, Inc. 2025 Printed in Japan　　　　　　　　ISBN978-4-569-88215-4

※本書の無断複製（コピー・スキャン・デジタル化等）は著作権法で認められた場合を除き、禁じられています。また、本書を代行業者等に依頼してスキャンやデジタル化することは、いかなる場合でも認められておりません。
※落丁・乱丁本の場合は弊社制作管理部（☎03-3520-9626）へご連絡下さい。送料弊社負担にてお取り替えいたします。

NDC518　55P　29cm